Markus Schnedlitz

Der Einsatz von chemischen Kampfstoffen von den Anfängen der Geschichte bis ins Zeitalter der Weltkriege

GRIN Verlag

GRIN - Your knowledge has value

Der GRIN Verlag publiziert seit 1998 wissenschaftliche Arbeiten von Studenten, Hochschullehrern und anderen Akademikern als eBook und gedrucktes Buch. Die Verlagswebsite www.grin.com ist die ideale Plattform zur Veröffentlichung von Hausarbeiten, Abschlussarbeiten, wissenschaftlichen Aufsätzen, Dissertationen und Fachbüchern.

Bibliografische Information der Deutschen Nationalbibliothek:

Die Deutsche Bibliothek verzeichnet diese Publikation in der Deutschen Nationalbibliografie; detaillierte bibliografische Daten sind im Internet über http://dnb.d-nb.de/ abrufbar.

Impressum:

Druck und Bindung: Books on Demand GmbH, Norderstedt Germany
ISBN: 978-3-668-13957-2

Dieses Buch bei GRIN:

http://www.grin.com/de/e-book/282577/der-einsatz-von-chemischen-kampfstoffen-von-den-anfaengen-der-geschichte

Der Einsatz von chemischen Kampfstoffen von den Anfängen der Geschichte bis ins Zeitalter der Weltkriege

Markus Schnedlitz

Inhaltsverzeichnis

1. Geschichte der Einsätze und der Entwicklung von chemischen Kampfstoffen und chemischen Kampfmitteln... 3

1.1 ... in der Zeit vor dem ersten Weltkrieg ... 3

1.2 ... während des ersten Weltkrieges ... 7

1.3 ...zwischen den Weltkriegen ... 11

1.4 ...während des zweiten Weltkrieges ... 12

1.5 ... nach dem zweiten Weltkrieg ... 13

2. Gegenwart und Zukunft der chemischen Waffen ... 16

3. Internationale Abkommen gegen den Einsatz von C-Waffen ... 17

Literaturverzeichnis (inklusive weiterführender Literatur) ... 19

1. Geschichte der Einsätze und der Entwicklung von chemischen Kampfstoffen und chemischen Kampfmitteln…

In der folgenden Arbeit werden die geschichtliche Entwicklung und die Einsätze von chemischen Waffen und Kampfmitteln beschrieben. Bei der Durchsicht von einschlägiger Literatur zu diesem Thema stößt man vieler Orts auf die Formulierung „vermutlicher Einsatz von…“ oder „unerklärbares Sterben von Menschen….“ da oft keine Beweise für den Einsatz von C-Waffen mehr gefunden wurden oder gar nicht untersucht wurde. Es ist daher davon auszugehen das es weltweit zu weitaus mehr als nur den öffentlich gekannten Anwendungen von chemischen Kampfstoffen gekommen ist.

1.1 … in der Zeit vor dem ersten Weltkrieg

Die Anfänge der Kriegsführung mit Hilfe chemischer Kampfstoffe und Kampfmittel liegt Jahrtausende zurück. Es ist mit hoher Wahrscheinlichkeit anzunehmen, dass schon lange vor den ersten bekannten Aufzeichnungen tierische und pflanzliche Gifte an Waffen (Pfeile, Messer usw.) bei der Jagd, aber auch beim Kampf eingesetzt worden sind. Ein Pfeilgift namens CURARE zählt wohl zu den bekanntesten Giften aus jener Zeit.[1]

In alten chinesischen Schriften über das Militärwesen findet man Hinweise auf die Verwendung von Giften, reizendem Rauch und Brandmitteln. Besonders zur Erstürmung von Festungen, also im stationären Kriegseinsatz, fanden diese Kampfstoffe vorerst ihre Anwendung. Feuer und die absichtlich erhöhte Rauchentwicklung durch Beimischung von Harzen, tierischen Fetten oder Pech dienten zur Verschleierung der eigenen Bewegung der Truppen, aber auch der Beeinträchtigung der verteidigenden Kräfte. Größere Erfolge im Einsatz dieser Kampfmittel blieben jedoch aufgrund der ungenügenden technischen Einsatzmitteln oder der Wirksamkeit der Stoffe meist aus.[2]

Aus der Zeit 600 v. Chr. sind Berichte überliefert, welche über die Einnahme einer Stadt durch Vergiftung der Trinkwasserversorgung durch den Saft der NIESWURZ erzählen. Dieses Gift soll zu einer Durchfallerkrankung geführt haben, welche die Bewachung beeinträchtigte und so die Eroberung der Stadt ermöglichte.

---

[1]Vgl. Obst Ing Hemmer, Heinz: Chemische Waffen. In: Schulbehelf 108_002. FH-DiplStG „MilFü“, HS & LM-Verw. S. 5
[2] Vgl. Ebd. S. 5

Im Peloponnesischen Krieg (431-404 v. Chr.) setzten die Spartaner Schwefelrauchkörper ein, die durch das so entstehende Schwefeldioxid als Reizmittel dienten. Ebenso wurden um die Festung PLATÄA zu erobern, giftige Gase verwendet, die entstehen, wenn man mit Schwefel und Pech getränktes Holz anzündet.

In den Schriften des Autors SEXTUS JULIUS AFRICANUS beschreibt dieser die Möglichkeit der Anwendung von Giften, Flämm- und Brandmitteln zu kriegerischen Zwecken. Auch schildert er die nötigen Arbeitsschritte zur Vergiftung von Brunnen und Lebensmitteln.[3]

Die detaillierte Beschreibung des bereits seit dem 6. Jh.. vor Chr. bekannten „Griechischen Feuertopfes" ist ebenso angeführt. Dieses Gemisch aus Schwefel, Salpeter, kredonischem Pyrit (Antimonsulfid), Sykomorensaft, flüssigem Asphalt und ungelöschtem Kalk soll schon durch das Einwirken einfacher Sonnenstrahlen zur Entzündung gebracht werden können.[4]

360 v. Chr. empfiehlt ein Kriegsherr namens AINAIAS die Benutzung von Töpfen mit Schwefel, Harz, Pech, Werg und Holzspänen für den Kriegseinsatz.[5]

187 v. Chr. werden römische Truppen durch beißenden Qualm von sengenden Federn aus den unterirdischen Gängen der Stadt AMBRACIA (Griechenland) vertrieben.

Während der Sung Dynastie in China (960 – 1279) wird giftiger Arsenrauch in Kriegen eingesetzt.

Der byzantinische Feldherr BELISAR vergiftet die Wasserzisterne der Stadt AUXINIUM genauso wie im Jahre 1135 Kaiser BARBAROSSA die der Stadt TORTONA und bezwingt damit die Verteidiger.

Ein altes Kriegsbuch von Hassan ALRAMMAH, das zwischen 1275 und 1295 geschrieben wurde, könnte man wahrscheinlich als erste Vorschrift für den Einsatz von „psychotoxischen" Kampfstoffen bezeichnen. In ihm findet man die Beschreibung der Anwendung von giftigen und einschläfernden Dämpfen, die durch die Verbrennung von arsen- und opiumhältigen Stoffen entstehen.

---

[3] Vgl. Ebd. S. 6

[4] Vgl. Obst Ing Hemmer, Heinz: Chemische Waffen. In: Schulbehelf 108_002. FH-DiplStG „MilFü", HS & LM-Verw. S. 6

[5] Vgl. Szinicz, L.: Geschichte biologischer und chemischer Kampfstoffe. Online in Internet: URL: http://www.gesundheitsmanagement-tuebingen.de/regtox/31scihis.pdf [Stand 22.05.2008]

Der Arzt FIORAVANTI erzeugt um 1400 durch Destillation einer Mischung aus Terpentin, Menschenkot, Schwefel und Blut ein Öl, dessen Gestank kein Mensch aushalten kann.[6]

1452-1519 empfiehlt auch Leonardo da Vinci die Nutzung von arsenhaltigem Rauch zur Belagerung von Festungen.[7]

Etwa 1570 schlug der österreichische Ritter Veit Wulff von Senftenberg vor, arsenhaltigen Rauch durch Hunyadi bei der Verteidigung von Belgrad gegen die Türken zu verwenden. Die sogenannten Arsenikrauchkugeln sollten ins feindliche Lager geschleudert und so die Lagerbesatzung vergiftet werden.

1601 wird in einer Chronik die Anwendung von „stinkendem Rauch“ beschrieben, der von den Mongolen in der Schlacht bei LIEGNITZ (1241) eingesetzt worden sein soll.

Um 1654 wurde vom Mailänder Alchimisten DATILLO der Vorschlag unterbreitet, einen pulverartigen Stoff zu verwenden, der bei seiner Verbrennung einen dichten Rauch und unerträglichen Gestank verbreitete. Ebenso mischte er ein Öl aus tierischen Stoffen und Chemikalien, dessen Gestank die Betroffenen kampfunfähig gemacht haben soll.

Eine Stielhandgranate gefüllt mit Arsen, Antimon und Schwefel wird in einem Buch über Artillerie 1660 erwähnt. Diese sogenannte „FEWER-BALLEN“ entwickelten beim Abbrand einen giftigen Rauch und sie wurden bis ins 17. Jh. mehrfach in Kriegen eingesetzt.[8]

KASIMIR SIMIENOWICZ schreibt in seinem 1676 gedruckten Buch „ARTIS MAGNAE ARTILLERIAE“ über die Verwendung von Giften in der damaligen Kriegsführung *„Im Kriege stirbt man jetzt nicht nur auf eine, sondern auf eine dreifache Art: durch Eisen oder Blei, durch Gift und Feuer“*[9]. Weiters beschreibt er die Herstellung von Giftkugeln gefüllt mit „Mercurial-Wasser“ (ein damals unter Alchemisten verwendetes Lösemittel, das angeblich alle Materie auflösen konnte) und giftigen Säften.

---

[6] Vgl. Obst Ing Hemmer, Heinz: Chemische Waffen. In: Schulbehelf 108_002. FH-DiplStG „MilFü“, HS & LM-Verw. S. 6

[7] Vgl. Szinicz, L.: Geschichte biologischer und chemischer Kampfstoffe. Online in Internet: URL: http://www.gesundheitsmanagement-tuebingen.de/regtox/31scihis.pdf [Stand 22.05.2008]

[8] Vgl. Obst Ing Hemmer, Heinz: Chemische Waffen. In: Schulbehelf 108_002. FH-DiplStG „MilFü“, HS & LM-Verw. S. 7

[9] Vgl. Ebd. S. 7

Ein Geschoss mit zwei Kammern gefüllt mit Salpetersäure und Terpentinöl konstruierte ein Arzt, Chemiker und Technologe namens GLAUBER. Es sollte zum Ausräuchern von Gegnern benutzt werden, da es Augen reizende Gase entwickelt.

Ende des 18. Jh. setzte Frankreich zur steigernden Wirkung seiner Artilleriegeschosse Chemikalien ein. Im Zuge dessen wurde erstmals Phosphor als Brand auslösender Stoff bei der Kaperung von Schiffen verwendet. Die Truppen belagerter Städte sollen mit „Stinkbomben", die aus Heißluftballons abgeworfen wurden, bombardiert worden sein.

Mit Blausäure getränkte Pinsel sollten auf Vorschlag eines Berliner Apothekers 1813 auf Bajonette befestigt werden. Dies wurde jedoch aufgrund der schlechten Handhabbarkeit vom damaligen General Bülow abgelehnt.

1830 wurde schließlich eine Gas- und Brandgranate erfunden, die bei ihrer Explosion einen Husten reizenden Rauch entwickelte.

1844 töteten französische Truppen in Marokko eine Gruppe Aufständischer in einem Höhlenlabyrinth, indem vor den Eingängen Faschinen (Reisig- und Strauchbündel) entzündet wurden, deren Rauchgase tödlich wirkten.

1845 lässt der französische Oberst PELISSIER gegen aufständische Kabylen in der Höhle von Nemchia Rauch aus grünem Reisig einsetzen (1095 von 1150 sterben).[10]

1854 werden vom englischen Chemiker STENHOUSE (Entdecker des Chlorpikrins ein Lungenkampfstoff) Granaten mit Ammoniakfüllung (Tränenreizstoff) vorgeschlagen. Diese sollen für einen kurzen und schnellen Krieg sorgen, da diese Stoffe in hoher Konzentration das Herz und das Nervensystem schädigen. Erstmals spricht STENHOUSE auch von der Verwendung von Schutzmasken zum Gasschutz. Im gleichen Jahr geht im englischen Kriegsministerium der Vorschlag ein, Bomben mit giftigem Kakodyloxid (Arsenoxidverbindung) zu füllen. Nach der Detonation sollte sich das Gift entzünden oder zu tödlichen Schäden bei Menschen durch Vergiftung führen. Diese Anregungen werden jedoch vom Ministerium abgelehnt.

---

[10] Vgl. Szinicz, L.: Geschichte biologischer und chemischer Kampfstoffe. Online in Internet: URL: http://www.gesundheitsmanagement-tuebingen.de/regtox/31scihis.pdf [Stand 22.05.2008]

Französische Befehlshaber verhinderten dank ihrem Kommando über die Expeditionstruppen, dass der englische Lord DUNDONALD 1855 im Krimkrieg das Fort MALAKOW durch Abbrennen einer Mischung aus Schwefel, Teer und Kohle einnehmen konnte.

1863 meldete der New Yorker Ingenieur J. W. DOUGHTY ein Patent auf mit Chlor gefüllte Granaten an. Diese sollten im amerikanischen Bürgerkrieg eingesetzt werden. Ob oder wo es zu einer Erprobung oder Einsatz gekommen ist, wurde nicht überliefert.

1870 -1871 schlug ein deutscher Apotheker im französisch-deutschen Krieg den Einsatz von Kampfstoffgranaten gefüllt mit VERATRIN (Insektizid gegen Kopfläuse) vor. Dieser Reizstoff hätte die Gegner nicht getötet, sondern durch Auftreten eines 30-minütigen Niesreizes kampfunfähig gemacht.[11]

1871/72 wurden in den USA Patente angemeldet, die die Sicherung von Warenlagern und Tresoren mit Giftstoffen beinhalteten.

Die deutsche Armee untersuchte in ihren artillerietechnischen Laboren Erfindungen von chemischen Kampfmitteln, die im Festungskrieg eingesetzt werden konnten. 1897 wurde dann ein Patent auf ein Geschoss eingereicht, welches bei der Explosion giftige Gase freisetzte.[12]

1.2 … während des ersten Weltkrieges

Der rasche Aufschwung der chemischen Industrie, besonders die großtechnischen Produktionsverfahren der Farbindustrie erwiesen sich als geeignete Produktionsstätte für die Masse an militärisch bedeutsamen Mengen an Giftstoffen. Dies ist mitunter ein Grund für die erschreckend schnelle Entwicklung und den Einsatz chemischer Kampfstoffe im ersten Weltkrieg.

Obwohl viele Staaten sich in der Haager Landkriegsordnung dem Verbot der Verwendung von Geschossen mit dem Zweck erstickende und giftige Gase zu verbreiten unterwarfen, ging der erste Weltkrieg als erster und bis jetzt größter militärischer Einsatz mit C-Kampfstoffen hervor.

---

[11] Vgl. Obst Ing Hemmer, Heinz: Chemische Waffen. In: Schulbehelf 108_002. FH-DiplStG „MilFü", HS & LM-Verw. S. 8f

[12] Vgl. Ebd. S. 8f

Zuerst setzten die Franzosen im August 1914 Gas-Gewehrgranaten gefüllt mit Augenreizstoff (Bromessigester)ein. Die geringe Menge von nur 19 Kubikzentimetern reichte jedoch nicht aus, um eine wirksame Konzentration am Gefechtsfeld zu erreichen.[13]

Am 27. Oktober 1914 folgte dann ein deutscher Artilleriefeuerüberfall mit 3000 10,5 cm Schrapnellen. Diese Geschosse waren neben der Brisanzladung mit Dianisidinsalz (eine Art von Niespulver) gefüllt. Auch hier zeichnete sich kein nennenswerter Erfolg ab.

Im November 1914 kam es unter dem Decknamen „Tonite" zur Erstanwendung des Augen reizenden Chloracetons durch Frankreich.[14]

All diese ersten Versuche zu Anfang des ersten Weltkrieges blieben erfolglos, da zumeist die Konzentration oder die meteorologischen Verhältnisse nicht entsprachen. Als im Winter 1914/1915 dann die Westfront zum Stellungskrieg erstarrte, empfahl der deutsche Chemiker Prof. Dr. Fritz HABER die Anwendung von Chlor aus Druckgasflaschen, um Festungen zu „brechen" und dem Gegner in den Stellungen zu vernichten. Unter Leitung dieses Nobelpreisträgers (1918 für Chemie-Technische Stickstoffgewinnung – HABER/BOSCH Verfahren) wurde von einer Gruppe von Wissenschaftlern die „wissenschaftlichen" Vorbereitungen des Blasangriffes betrieben. Sogar dem deutschen Kaiser selbst wurde ein Versuchsabblasen vorgeführt. Dabei dienten Schafe als Versuchsobjekte.[15]

Der erste Feldversuch mit Chlorgas fand dann im Jänner 1915 an der Ostfront statt. Aus metergroßen Gasflaschen wurde Chlor auf die russischen Stellungen abgeblasen, mit dem Resultat von zahlreichen Toten und Verletzten.

Im Januar 1915 wurde Xylylbromid (taktische Kampfmischung gegen Augen, Nasen und Rachen) eingesetzt, als deutsche Truppen bei Bolimow und Łódź 15-cm-12-T-Granaten verschossen. Im kaiserlichen Deutschland wurde es als T-Stoff bezeichnet (in Großbritannien als Elder-Gas) und als chemischer Kampfstoff betrachtet und auch verwendet. Die Wirkung war auf Grund der herrschenden Temperaturen gering, da nicht genügend Xylylbromid verdampfen konnte. Bei einem Einsatz an der Westfront im März 1915 in der der Nähe von Nieuport (Westflandern) war der Erfolg auf Grund höherer Temperaturen größer.

---

[13] Vgl. Ebd. S. 9

[14] Vgl. Szinicz, L.: Geschichte biologischer und chemischer Kampfstoffe. Online in Internet: URL: http://www.gesundheitsmanagement-tuebingen.de/regtox/31scihis.pdf [Stand 22.05.2008]

[15] Vgl. Obst Ing Hemmer, Heinz: Chemische Waffen. In: Schulbehelf 108_002. FH-DiplStG „MilFü", HS & LM-Verw. S. 10

Ebenfalls im März 1915 begann der Einbau von Chlorgasflaschen an der Westfront und man wartete nur noch auf günstige Wetterverhältnisse, besonders auf günstigen Wind.

22. April 1915 – „Der schwarze Tag von YPERN“. Unter dieser Bezeichnung ging der erste feldmäßige Blasangriff der Deutschen auf die französischen und englischen Soldaten in die Geschichte ein. Auf die völlig überraschten Gegner wurden aus 5730 Gasflaschen 30.000 kg Chlor auf einen 6 km breiten Frontabschnitt abgeblasen. Da kein Schutz in der Form von Gasmasken vorhanden war, mussten nach französischen Angaben 5000 Tote und 15000 Verletzte beklagt werden.

Insgesamt wurden auf diese Weise 498 t Chlor aus 20730 Zylindern abgeblasen, doch bald erfüllte diese Art der Anwendung nicht mehr seinen Zweck, da das metallische Geräusch bei In-Stellung-Bringen der Gasflaschen gehört wurde und die Windrichtung nicht immer passte. In weiteren Kriegsverlauf wurde ab 1917 dann das Abblasen durch das Verschießen von Gasgranaten aus Granatwerfern und Artilleriegeschützen abgelöst. Dadurch kannte der Gasangriff nicht nur überraschend stattfinden, sondern wurde durch die Sprenggranaten auch noch „getarnt“.[16]

Die Entente Mächte zogen im Kampf mit chemischen Kampfstoffen nach. Am 25. September 1915 kam es an der Westfront bei Loos durch den Kommandeur der ersten englischen „Gasbrigarde“ FOULKES zum ersten Blasangriff gegen die Deutschen.

Deutschland erweiterte sein Arsenal an chemischen Kampfstoffen mit Phosgen (Lungenkampfstoff), welches es im Dezember 1915 erstmals einsetzte.

Die französische Armee verschoss am 21. Februar 1916 bei Verdun 75mm Granaten, die mit Phosgen gefüllt waren. Dieser Angriff endete mit hohen Verlusten auf deutscher Seite.

Am 7. Mai verschoss die deutsche Armee erstmalig Diphosgen (Lungenkampfstoff auch Perstoff genannt) aus Kanonenbatterien auf Stellungen an der Maas. Diesen Angriff folgte in der Nacht 22. zum 23. Juni 1916 ein siebenstündiges Trommelfeuer auf Stellungen bei Verdun. Hier wurden 76000 Haubitzen- und 40000 Kanonengranaten mit Diphosgenfüllung verschossen.

---

[16] Vgl. Ebd S. 11f

Am 1. Juli 1916 verschossen die Franzosen erstmals Blausäure (Blut- und Nervenkampfstoff) an der Somme. Dieser sehr flüchtige Kampfstoff konnte jedoch die erwartete Kampfkonzentration nicht erzeugen.

Die englischen Einheiten verwendeten am 24. September 1916 erstmals vierzöllige Granatwerfermunition gefüllt mit dem Augenreizstoff Jodessigester.

Im September/Oktober 1916 zogen dann auch die Russen in Punkto chemische Kampfstoffe nach. Sie setzten Chlorpikrin (Lungenkampfstoff) vermischt mit Chlor gegen die Deutschen ein. Chlorpikrin wurde 1848 durch den britischen Chemiker John STENHOUSE (siehe vorheriges Kapitel) entdeckt.

Im Oktober 1916 verschossen Frankreich und Österreich-Ungarn erstmals Chlorcyan.[17]

Am 10./11. Juli 1917 wurde von deutscher Seite der starkwirkende Nasen- und Rachenreizstoff CLARK 1 (Diphenylchlorarsin) eingesetzt. Dieser Stoff ging als „Maskenbrecher“ in die Geschichte ein, da die damals gebräuchlichen Schutzmasken noch über keinen Schwebstofffilter verfügten. Der Kampfstoff „durchschlug“ also die Schutzmaske und führte zu einem unerträglichen Hustenreiz bis hin zum Erbrechen. Soldaten, die daraufhin ihre Maske abnahmen, wurden durch andere Kampfstoffe wie Phosge oder Perstoff (Lungenkampfstoffe) tödlich verletzt. Dieses Verschießen mehrerer verschiedener chemischer Munitionsarten nannte man „Buntschießen“ und die so kontaminierten Gebiete „bunte Räume“.

Die erste Verwendung des Hautkampfstoffes LOST fand am 12/13. Juli 1917 bei Ypern Deutschland durch die Deutschen statt. In den darauffolgenden Tagen wurden 2500 Tonnen dieses Kampfstoffes auf französische und englische Truppen verschossen, was zu einer zwar geringen Zahl an Toten, aber zu einer erheblichen Anzahl von Kampfstoffverletzten führte. Der Vorschlag zur Verwendung als Giftgas kam von den beiden deutschen Chemikern Lommel und Steinkopf, beides Mitarbeiter von Fritz HABER am Kaiser-Wilhelm-Institut. Der Name Lost entstand aus den beiden ersten Buchstaben ihrer Nachnamen. Bekannter ist LOST auch unter den Namen Senfgas, S-LOST oder Gelbkreuzgas.

[17]Vgl. Ebd. S. 12

Am 24. Oktober 1917 fand der Ersteinsatz chemischer Kampfstoffe an der Isonzofront statt. Österreichische Truppen gewannen mit Hilfe von 100.000 chemischen Artilleriegranaten eine Durchbruchsschlacht.[18]

Im März 1918 kam es zur Erstanwendung von arsenhaltigen Hautkampfstoffen (Ethyl- und Methyldichlorarsin) durch Deutschland. Zwei Monate später wurde von den Deutschen erstmals CLARK 2 (Cyanid-Arsen-Kampfstoff) eingesetzt.[19]

Als Antwort auf den Deutschen „Maskenbrecher“ setzten die Franzosen im September 1918 erstmalig Adamsit (Nasen- und Rachenreizstoff) ein.

1918 entdeckte der amerikanischen Chemiker Winford Lee Lewis das nach ihm benannte LEWISIT. Es ist von der Wirkung her mit LOST vergleichbar, kam aber im 1. Weltkrieg nicht mehr zum Einsatz.[20]

Insgesamt starben im Verlauf des 1. Weltkrieges an die 100.000 Menschen an den Folgen des Einsatzes chemischer Kampfstoffe. Die Zahl der durch diese C-Waffen verletzten Menschen liegt bei über 1,3 Millionen. Trotz dieser hohen Zahl an Toten und Verwundeten konnte keine Seite der Kriegsgegner einen kriegsentscheidenden Vorteil aus dem Einsatz von chemischen Kampfstoffen erringen. Einzig die „Erprobung“ dieser neuen Art von Waffe und deren Weiterentwicklung wurde durch diesen Krieg beschleunigt.[21]

1.3 ...zwischen den Weltkriegen

Obwohl die Erforschung und der Besitz von chemischen Waffen im Friedensvertrag verboten wurde, arbeiteten deutsche und sowjetische Wissenschaftler von 1922 bis 1933 an der Entwicklung neuer chemischer Kampfstoffe (Feldversuche in Shikhany, Fabrik in Trotsk).[22]

1925 setzten Spanier und Franzosen gegen Aufständische Rif – Kabylen Yperit – Bomben (LOST) ein.

---

[18]Vgl. Ebd. S. 13

[19] Vgl. Szinicz, L.: Geschichte biologischer und chemischer Kampfstoffe. Online in Internet: URL: http://www.gesundheitsmanagement-tuebingen.de/regtox/31scihis.pdf [Stand 22.05.2008]

[20] Vgl. Ebd.

[21] Vgl. Obst Ing Hemmer, Heinz: Chemische Waffen. In: Schulbehelf 108_002. FH-DiplStG „MilFü“, HS & LM-Verw. S. 14

[22] Vgl. Szinicz, L.: Geschichte biologischer und chemischer Kampfstoffe. Online in Internet: URL: http://www.gesundheitsmanagement-tuebingen.de/regtox/31scihis.pdf [Stand 22.05.2008]

Im abessinisch-italienischen Krieg von 1935-1936 setzten die Italiener im heutigen Äthiopien ebenfalls LOST Bomben die von Flugzeugen abgeworfen wurden, ein. Über 15.000 Menschen starben, davon sind die Hälfte Zivilisten.

Im japanisch-chinesischen Krieg von 1937-1945 war bis zu 30% der verwendeten japanischen Munition mit C-Kampfstoffen gefüllt. (Choracetophenon, Diphenylcyanoarsin, Phosgen, Lewisit und Schwefellost)[23]

1.4 ...während des zweiten Weltkrieges

Mehreren Umständen ist es zu verdanken, dass während des zweiten Weltkrieges trotz Vorhandenseins diverser neuer und alter chemischer Kampfstoffe diese nicht zum Einsatz kamen.

Einerseits aufgrund der Abneigung Adolf Hitlers, selbst Opfer einer Giftgasangriffes (wurde verwundet), andererseits durch die Nichtvereinbarkeit mit der Blitzkriegsstrategie blieben die chemischen Waffen in ihren Lagern liegen. Trotzdem führte Deutschland zwischen 1937 und 1945 neben Schwefellost auch Stickstofflost (Tris-2 Chloräthylamin – HN 3) als Hautkampfstoff ein. Ebenfalls in diese Zeit fällt die Entwicklung von Nervenkampfstoffen bis hin zur Feldverwendbarkeit und technischen Produktion in Deutschland, jedoch ohne Einsatz im Krieg. Federführend bei diesen Forschungen war der Konzern IG Farben, auch bekannt für den unmenschlichen Einsatz tausender Zwangsarbeiter in deren Fabriken. Sie entwickelten die Kampfstoffe SARIN (1mg/Mensch tödlich) und 1944 das noch giftigere SOMAN (0,5mg/Mensch tödlich).

Obwohl am Schlachtfeld als ungeeignet eingestuft, fanden toxische Gase jedoch während des zweiten Weltkrieges einen umso schrecklicheren Einsatzbereich. In den Gaskammern der Nazis kamen hunderttausende Menschen durch die Anwendung von Kohlenmonoxid und Zyklon B (Blausäure mit Kieselgur als Trägermaterial) ums Leben.[24]

Im Mai 1942 kam es zur unbeabsichtigten Freisetzung von polnischem S-LOST bei Jaslo in Polen bei Kampfhandlungen mit deutschen Truppen. Dabei wurden einige deutsche Soldaten getötet.

---

[23] Vgl. Ebd.
[24] Vgl. Obst Ing Hemmer, Heinz: Chemische Waffen. In: Schulbehelf 108_002. FH-DiplStG „MilFü", HS & LM-Verw. S. 15

Auch im Dezember 1943 wurde Schwefellost von einem US-Transportschiff nach einem Bombenangriff in Bari freigesetzt. Ob es dadurch zu Todesfällen kam, ist nicht bekannt.

Auf der anderen Seite der Weltkugel setzte Japan während des Japanischen – Chinesischen Krieg 1937-1945 Choracetophenon, Diphenylcyanoarsin, Phosgen, Lewisit und Schwefellost ein.[25]

Auch in anderen Staaten ging die Forschung auf dem Gebiet der chemischen Waffen während des zweiten Weltkrieges weiter. So gab es in der Schweiz 1942 eine Veröffentlichung synthetisch hergestellter Psychokampfstoffe (LSD).[26]

1.5 … nach dem zweiten Weltkrieg

Auch nach Ende des zweiten Weltkrieges gingen die Forschungen weiter. Ab 1945 führten diese Forschungen in den USA zur Herstellung von Lysergsäurederivate (Abkömmling des LSD) und LSD 25 (Dimethyl- und Diäthylamid). Die meisten Fortschritte lassen sich auf das Auffinden deutscher Geheimpatente zurückführen. In den 50er Jahren werden dann maßgeschneiderte Ultragifte entwickelt, die V-Stoffe. Der bekannteste dieser Kampfstoffe ist das VX (0,1 bis 0,01mg reichen, um einen Menschen umzubringen). Die Großproduktion des VX beginnt 1961.[27]

1949 wird durch die griechische Armee im griechischen Bürgerkrieg Schwefel verbrannt, um Aufständische aus den Höhlen am Taiyetos zu vertreiben.[28]

Um ihre Gegner (chinesische Partisanen) durch Hunger zur Aufgabe zu zwingen, setzten die Briten im letzten Kolonialkrieg Großbritanniens Phytotoxina gegen Felder in Westmalaysia ein.[29]

Im Koreakrieg (1950-1953) kam es zu mehreren Einsätzen chemischer Kampfstoffe von Seiten der USA, bei denen hunderte Menschen ums Leben kamen.

---

[25] Vgl. Szinicz, L.: Geschichte biologischer und chemischer Kampfstoffe. Online in Internet: URL: http://www.gesundheitsmanagement-tuebingen.de/regtox/31scihis.pdf [Stand 22.05.2008]
[26] Vgl. Obst Ing Hemmer, Heinz: Chemische Waffen. In: Schulbehelf 108_002. FH-DiplStG „MilFü", HS & LM-Verw. S. 15
[27] Vgl. Pueringer, J. Chemische Kampfstoffe. Fakultätsvertretung Naturwissenschaften UNI Wien. Wien. S. 30
[28] Vgl. Szinicz, L.: Geschichte biologischer und chemischer Kampfstoffe. Online in Internet: URL: http://www.gesundheitsmanagement-tuebingen.de/regtox/31scihis.pdf [Stand 22.05.2008]
[29] Vgl. Obst Ing Hemmer, Heinz: Chemische Waffen. In: Schulbehelf 108_002. FH-DiplStG „MilFü", HS & LM-Verw. S. 16

In den 50er Jahre wurde CS (ortho-Chlorobenzyliden malonsäuredinitril) in den USA und UK als Reizstoff eingeführt (synthetisiert durch Corson und Stockton in UK 1934).

Die Herstellung, Lagerung, Wartung und der Einsatz der Nervengifte sind auf Grund ihrer enormen Giftigkeit auch für das eigene Personal ein großes Sicherheitsrisiko. Dies veranlasste die USA ab 1954 zur Entwicklung von „binären C – Kampfstoffen". Bei dieser Art der Kampfstoffe handelt es sich um zwei Ausgangssubstanzen mit relativ geringer Giftigkeit, die erst durch ihre Mischung beim Abschuss oder Abwurf zur eigentlichen C-Waffe werden.[30]

Im Vietnamkrieg (1962-1972) setzen die Amerikaner Reizkampfstoffe, phytotoxische Kampfstoffe, VX und Satin ein. Um Teile des für die Aufklärung undurchdringlichen Blätterdachs zu entlauben, wurden zusätzliche chemische Mittel eingesetzt. Das bekannteste dieser Entlaubungsmittel wurde „Agent Orange" genannt, (nach der Farbe der Behälter, in denen das Mittel geliefert wurde). Daneben wurden auch noch Agent Purple, Agent Green, Agent Yellow, Agent Pink und Agent Blue verwendet. Insgesamt wurden etwa 100.000 Tonnen Pflanzengifte neben Reiz und Atemgifte eingesetzt. Bei diesen Operationen waren ca. 58.000 km² Land den Chemikalien ausgesetzt, wobei 38.000 km² (16% Südvietams) langfristig vergiftet sind.

Auch vietnamesische und amerikanische Soldaten, aber auch die vietnamesischen Zivilisten blieben von den giftigen Chemikalien nicht verschont. Es kam und kommt zu Missbildungen der Neugeborenen und zu einer erhöhten Krebsrate bei vielen, die mit den Substanzen in Berührung kamen.[31]

Während des Bürgerkrieges 1963-1967 im Jemen setzen intervenierende ägyptische Truppen Tränengas, Phosgen und Schwefellost ein.

1961 wurde Benzilsäureester (BZ) als Psychokampfstoff in die US Armee eingeführt.[32]

Im August 1967 setzen amerikanische Polizisten bei einer Demonstration ein Gas mit der Bezeichnung „CHEMICAL MACE" ein, welches die Betroffenen zu einem passiven Verhalten veranlasst. (Psychowirkung)[33]

---

[30] Vgl. Pueringer, J. Chemische Kampfstoffe. Fakultätsvertretung Naturwissenschaften UNI Wien. Wien. S. 34
[31] Vgl. Pueringer, J. Chemische Kampfstoffe. Fakultätsvertretung Naturwissenschaften UNI Wien. Wien. S. 33
[32] Vgl. Szinicz, L.: Geschichte biologischer und chemischer Kampfstoffe. Online in Internet: URL: http://www.gesundheitsmanagement-tuebingen.de/regtox/31scihis.pdf [Stand 22.05.2008]
[33] Vgl. Obst Ing Hemmer, Heinz: Chemische Waffen. In: Schulbehelf 108_002. FH-DiplStG „MilFü", HS & LM-Verw. S. 17

Der C-Waffeneinsatz wird ständig weiter entwickelt, getestet und geübt, was aber vor der Öffentlichkeit verborgen bleibt. Ausnahmen sind jedoch Unfälle in Folge solcher Tests, die sich nicht verheimlichen lassen, so wie 1968. In der Nähe eines Army Testgeländes in Utha sterben 6400 Schafe, verteilt auf einem 500 km² großem Areal, an Krämpfen. Grund dafür waren einige Liter VX Kampfstoff, der von Flugzeugen aus falsch versprüht wurde. Zum Vergleich sei angeführt, dass in Mitteleuropa auf 500 km² durchschnittlich ca. 130.000 Menschen leben.[34]

1969 werden die offensiven B und C Programme der USA von Präsident Nixon gestoppt.[35]

Zwischen 1974 und 1981 werden von laotischen und vietnamesischen Streitkräften Senfgas, Reizstoffe, Nervenkampfstoffe und Mykotoxine von Flugzeugen versprüht. (226 C-Einsätze sind bekannt) Auch in Kambodscha sind 124 c-Einsätze durch den Vietnam bekannt. Zusätzlich soll es auch zu Vergiftungen von Trinkwasserquellen gekommen sein.

In Angola kommt es während eines Luftangriffes im Mai 1978 auf Kasinga zum Einsatz eines „lähmenden Gases" durch südamerikanische Truppen.

Im Februar 1979 kommt es zum Einsatz von Giftgas vietnamesischer Streitkräfte gegen chinesische Invasoren, die ihrerseits toxische Gase einsetzen.

Im Afghanistankrieg (1980-1989) werden sowohl von sowjetischer als auch von Seiten der Mujahedeen chemische Waffen eingesetzt.

Im Konflikt mit Somalia (1980-1982) setzen äthiopische Truppen Nervengas ein und versprühen großflächig chemische Kampfstoffe.

Flugzeuge aus Kambodscha versprühen ein „gelbes, toxischen Material" auf thailändische Truppen, während diese Artilleriegranaten mit giftigen Chemikalien die Erbrechen verursachen, auf Kambodscha abschießen.

1983-1988 kommt es im Irak –Iran Krieg (Golfkrieg 1) zum Einsatz von Schwefellost, Tabun, Sarin und Cyclosarin durch irakische Streitkräfte. Besonders bekannt wurde hier der Fall eines C-Waffenangriffes auf ein kurdisches Dorf, bei dem 5000 Zivilisten ums Leben kommen.

---

[34] Vgl. Pueringer, J. Chemische Kampfstoffe. Fakultätsvertretung Naturwissenschaften UNI Wien. Wien. S. 31
[35] Vgl. Szinicz, L.: Geschichte biologischer und chemischer Kampfstoffe. Online in Internet: URL: http://www.gesundheitsmanagement-tuebingen.de/regtox/31scihis.pdf [Stand 22.05.2008]

1988 Einsatz von Schwefellost und Sarin gegen die kurdische Bevölkerung durch den Irak.

Im 2. Golfkrieg von 18. Jänner bis 28. Februar 1991 kommt es von der Weltöffentlichkeit nahezu unbeachtet zu 5 Fällen von Giftgaseinsätzen der irakischen Truppen gegen die Streitkräfte der Alliierten. Diese C-Waffenangriffe blieben jedoch auf Grund der optimalen ABC-Selbstschutzausrüstungen der Alliierten wirkungslos. Nach Ende des Krieges wurden durch Spezialisten der UNO ca. 75.000 Liter Tabun und Soman (Nervengift), 600 Tonnen Senfgas (Hautkampfstoff) und einige hundert Kilogramm VX gefunden und nach und nach vernichtet.[36]

2. Gegenwart und Zukunft der chemischen Waffen

Momentane Schätzungen belegen, dass alleine die USA über 40.000 Tonnen und die ehemaligen Sowjetstaaten zwischen 30.000 und 600.000 chemische Kampfstoffe besitzen. Dies macht C-Waffen neben A-Waffen zu Werkzeugen, mit denen die Menschheit nicht nur einmal, sondern ein vielfaches Mal vernichtet werden kann. Trotz der bestmöglichen Selbstschutzausrüstungen, über die moderne Armeen verfügen, kann im Falle eines kontinentalen oder weltweiten Einsatzes von C-Waffen nur ein Bruchteil der Menschen geschützt werden.

So wie der konventionelle Einsatz von A-Waffen für eher unwahrscheinlich eingestuft werden kann, so gilt das ebenso für den Einsatz für C-Kampfstoffe. Wie die Vergangenheit jedoch zeigt, so werden chemische Kampfstoffe jedoch immer mehr von Terrororganisationen eingesetzt, die diese noch dazu überraschend gegen vollkommen ungeschützte Personen einsetzen.[37]

Ein weiteres und nahezu unvorstellbares Gefahrenpotential geht von chemischen Kampfstoffen aus, die nach Ende des 2. Weltkrieges von den Alliierten in der Nordsee versenkt wurden. Hierbei soll es sich um unvorstellbare 300.000 Tonnen Munition handeln die aus den Beständen Hitler-Deutschlands stammten. 15% dieses Gewichtes, also ca. 45.000 Tonnen, machen dabei die reinen Kampfstoffe selbst aus. In wieweit die Alliierten auch C-Waffen aus eigenen Beständen versenkt haben, ist unklar, jedoch gehen Experten mit einer hohen Wahrscheinlichkeit davon aus, dass dies der Fall war. Diese tickende Zeitbombe am

---

[36] Vgl. Obst Ing Hemmer, Heinz: Chemische Waffen. In: Schulbehelf 108_002. FH-DiplStG „MilFü“, HS & LM-Verw. S. 18f

[37] Vgl Pueringer, J. Chemische Kampfstoffe. Fakultätsvertretung Naturwissenschaften UNI Wien. Wien. S. 31f

Grunde der Nordsee wird in den nächsten Jahren noch ein großes Problem für diese Region darstellen. Schon jetzt sind Berichte über gefischte Meerestiere in den Medien, die vermutlich durch diese Altlasten vergiftet worden sind. [38]

3. Internationale Abkommen gegen den Einsatz von C-Waffen

1675 wird zwischen Frankreich und Deutschland im sogenannten Straßburger Vertrag die Anwendung von Giften im Krieg verboten.

1874 einigen sich bei der Brüsseler Konferenz die Teilnehmer über ein Verbot des Einsatzes von Giften und vergifteten Waffen im Krieg.[39]

In der ersten Haager Konferenz 1899 wird der Verzicht auf den Einsatz von Geschossen beschlossen, „deren einziger Zweck die Ausbreitung von erstickenden oder giftigen Gase ist“[40]. Unter diese Bestimmungen fällt aber nicht die Anwendung von Gasen selbst, welche dann Jahre später im sogenannten „Blasverfahren“ zu tausenden Toten führen.

In der zweite Haager Konferenz 1907 (Haager Landkriegsordnung) werden die Beschlüsse der ersten Konferenz bestätigt. Dabei wird bei den Debatten jedoch festgehalten, dass diese Bestimmungen lediglich auf die bekannten Anwendungsarten dieser Zeit Geltung haben. Dieses noch heute gültige Vertragsrecht scheitert jedoch an der mangelnden einheitlichen Rechtsüberzeugung und ist daher keine solide Verbotsgrundlage.[41]

1921-1922 legen die USA, Frankreich, Großbritannien, Italien und Japan im Washingtoner Abkommen das Anwendungsverbot für erstickende, giftige und andere Gase fest.[42]

Im Genfer Protokoll von 17. Juni 1925 wird das Verbot der Anwendung von erstickenden, giftigen oder gleichartigen Gasen sowie allen ähnlichen Flüssigkeiten, Stoffen oder Verfahrensarten im Kriege mit Ausweitung auf bakteriologische Kriegsmittel festgelegt. Dies wurde bei der Genfer Waffenhandelskonferenz 1925 unterzeichnet. Problematisch ist auch

---

[38] Vgl. Giftgas in der Ostsee. Online im Internet: URL: http://www.toxcenter.de/artikel/Giftgas-in-der-Ostsee.php [Stand 22.05.2008]

[39] Vgl. Szinicz, L.: Geschichte biologischer und chemischer Kampfstoffe. Online in Internet: URL: http://www.gesundheitsmanagement-tuebingen.de/regtox/31scihis.pdf [Stand 22.05.2008]
[40] Vgl. Goeckel, K. Die Bemühungen um eine Ächtung bakteriologischer und chemischer Waffen. Osang Verlag Gmbh. Bonn. 1981. S. 34
[41] Vgl. ebd. S. 34f
[42] Vgl. Szinicz, L.: Geschichte biologischer und chemischer Kampfstoffe. Online in Internet: URL: http://www.gesundheitsmanagement-tuebingen.de/regtox/31scihis.pdf [Stand 22.05.2008]

hier die Definition, welche Stoffe genau unter dieses Abkommen fallen. Die Frage ob Reizstoffe (z.B. Tränengas) auch diesem Verbot unterliegen, bleibt offen. Die häufig getroffene Aussage „nur tödliche Stoffe" fallen unter dieses Verbot, ist zumeist nicht von der Zusammenstellung des Stoffes selbst sondern von der eingesetzten Dosierung abhängig.

Es existieren Zusatzprotokolle zum Genfer Abkommen, in denen unter anderem Methoden und Mittel der Kriegsführung verboten werden, die lang anhaltende und schwere Schäden der Umwelt hervorrufen.[43]

Am 29. April 1997 trat das sogenannte Chemiewaffenübereinkommen (CWÜ) nach Ratifizierung der Konvention durch den 65. Staat in Kraft. Es verbietet die Entwicklung, Herstellung, Besitz, Weitergabe und der Einsatz chemischer Waffen. Vorhandene Bestände müssen deklariert und unter internationaler Kontrolle vernichtet werden (Organisation zum Verbot chemischer Waffen in Den Haag). Bis 30.04.03 sind diesem Übereinkommen 151 Staaten beigetreten.[44]

Weitere Informationen zu diesem Thema finden Sie in: „Chemische Kampfstoffe. Geschichte, Entwicklung und Einsatz" von Markus Schnedlitz.

ISBN: 978-3-640-23342-7

http://www.grin.com/de/e-book/119340/

[43]Vgl. Goeckel, K. Die Bemühungen um eine Ächtung bakteriologischer und chemischer Waffen. Osang Verlag Gmbh. Bonn. 1981. S. 35f

[44]Vgl. L. Szinicz: Geschichte biologischer und chemischer Kampfstoffe. Online in Internet: URL: http://www.gesundheitsmanagement-tuebingen.de/regtox/31scihis.pdf [Stand 22.05.2008]

Literaturverzeichnis (inklusive weiterführender Literatur)

Bücher:

Karow, Thomas. Lang-Roth Ruth: Allgemeine und Spezielle Pharmakologie und Toxikologie. Vorlesungsorientierte Darstellung und klinischer Leitfaden. 15. Auflage. Eigenverlag. Pulheim 2007.

Pittner, Heribert, Hofrat Univ.-Doz. Dr. u. a.: AUSTRIA-CODEX SCHNELLHILFE 2006/2007. Österreichische Apotheker-Verlagsgesellschaft M.B.H. Wien 2006.

Behördliche Schriften, Publikationen, Fachaufsätze:

Goeckel, K.: Die Bemühungen um eine Ächtung bakteriologischer und chemischer Waffen. Osang Verlag Gmbh. Bonn. 1981

Hemmer, Heinz Obst Ing: Chemische Waffen. In: Schulbehelf 108_002. FH-DiplStG „MilFü", HS & LM-Verw.

Pueringer, J.: Chemische Kampfstoffe. Fakultätsvertretung Naturwissenschaften UNI Wien. Wien.

Trieb, Peter: Datenbank chemische Kampstoffe. Allgemeine Physik Merkblatt. Wien 1995.

URL, elektronische Quellen:

Der Brockhaus multimedial 2008premium DVD. 10. Auflage. Bibliographisches Institut & F. A. Brockhaus AG. Mannheim 2007

Szinicz, L.: Geschichte biologischer und chemischer Kampfstoffe. Online in Internet: URL: http://www.gesundheitsmanagement-tuebingen.de/regtox/31scihis.pdf [Stand 22.05.2008]

http://www.abc-waffen.de/home.htm

http://www.feuerwehr-halle.de/Feuerwehr-Ausbildung/_Messgerate_GSG/ABC_Fuhrungsgruppe/ABC_chemische_Kampfstoffe/abc_chemische_kampfstoffe.html

http://www.gifte.de/B-%20und%20C-Waffen.htm [Stand: 10.05.2008]

http://www.gifte.de/B-%20und%20C-Waffen/blausaeure.htm [Stand: 23.05.2008]

http://www.gifte.de/B-%20und%20C-Waffen/chemische_waffen.htm

http://www.gifte.de/B-%20und%20C-Waffen/sarin.htm [Stand: 20.05.2008]

http://www.toxinfo.org/publikationen/SuchtstoffeAkutUndChronisch.pdf [Stand: 20.05.2008]

http://www.uni-muenster.de/PeaCon/wuf/wf-89/8910400f.htm#22 [Stand: 23.05.2008]

www.toxinfo.org/publikationen/SuchtstoffeAkutUndChronisch.pdf [Stand: 20.05.2008]